Andrey Amand

Aspectos tecnológicos da reabilitação funcional e fisiológica

Andrey Amand

Aspectos tecnológicos da reabilitação funcional e fisiológica

Previsões para o desenvolvimento dos aspectos tecnológicos da reabilitação funcional e fisiológica

ScienciaScripts

Cover image: www.ingimage.com

This book is a translation from the original published under ISBN 978-620-7-64873-3.

Publisher:
Sciencia Scripts
is a trademark of
Dodo Books Indian Ocean Ltd. and OmniScriptum S.R.L publishing group

120 High Road, East Finchley, London, N2 9ED, United Kingdom
Str. Armeneasca 28/1, office 1, Chisinau MD-2012, Republic of Moldova, Europe
Printed at: see last page
ISBN: 978-620-7-93611-3

Andrei Amand

Aspectos tecnológicos da reabilitação funcional e fisiológica

Previsões para o desenvolvimento de aspectos tecnológicos da reabilitação funcional e fisiológica.

Palavras-chave:

Aspectos Tecnológicos; Vias de Desenvolvimento dos Aspectos Tecnológicos; Previsões e Possíveis Vias de Desenvolvimento; Aspectos Tecnológicos da Reabilitação Funcional; Aspectos Tecnológicos da Reabilitação Fisiológica; Mundo Virtual; Noções Básicas de Codificação;

Anotação:

As tecnologias da informação estão a redesenhar o mapa da vida moderna, influenciando os seus muitos aspectos e contribuindo ativamente para o aparecimento de abordagens inovadoras em todos os domínios, desde a educação aos cuidados de saúde. Particularmente significativa é a sua contribuição para o desenvolvimento da reabilitação funcional e fisiológica, em que a sinergia dos desenvolvimentos tecnológicos clássicos e das mais recentes inovações abre possibilidades ilimitadas para melhorar a qualidade de vida e acelerar os processos de recuperação.

Neste contexto, os suportes de armazenamento ótico com tecnologias de segurança avançadas tornam-se uma ferramenta valiosa para armazenar e transmitir conhecimentos e programas de reabilitação. Proporcionam um meio seguro de armazenamento de materiais educativos, vídeos de relaxamento, simuladores e simulações, satisfazendo simultaneamente os elevados requisitos de proteção de dados pessoais e médicos.

O livro que tem nas suas mãos oferece um olhar abrangente sobre os aspectos tecnológicos progressivos da reabilitação funcional e fisiológica, incluindo a utilização da RV e da IA. Ao destacar o papel dos mecanismos de proteção inovadores dos meios ópticos, pretendemos mostrar como estas tecnologias avançadas estão a transformar as abordagens de reabilitação, proporcionando experiências de tratamento mais seguras, mais acessíveis e personalizadas.

Na intersecção destas tecnologias em constante evolução, está a surgir uma nova compreensão das soluções técnicas integradoras e das suas implicações para as futuras gerações de profissionais e pacientes que se esforçam por alcançar uma vida plena. A exploração de novas fronteiras entre a realidade física e o espaço virtual apresenta desafios e perspectivas ilimitadas para as invenções que a nossa publicação explora no contexto da reabilitação e da defesa tecnológica.

Conteúdo:

PREVISÕES DE DESENVOLVIMENTO TECNOLÓGICO ATÉ 2030

O relatório anual e o discurso do Presidente dos EUA ao Congresso dedicaram uma atenção especial, e poder-se-ia mesmo dizer a principal atenção, às questões da modernização inovadora. O discurso abordou várias áreas específicas do desenvolvimento inovador, que na nossa previsão anterior foram destacadas como as mais recentes tecnologias de base. Uma das direcções decisivas foi a plena implementação da Internet de alta velocidade em todos os cantos e distritos dos Estados Unidos, independentemente da sua localização remota e das condições meteorológicas nem sempre favoráveis.

Na nossa previsão, com base na análise dos relatórios publicados sobre investigação e desenvolvimento, com base na análise do sistema da situação das patentes e licenças e das tendências do seu desenvolvimento e das condições prévias para mudanças fundamentais e locais, seleccionámos quatro grupos de tecnologias fundamentais que determinarão a natureza e as formas de desenvolvimento da humanidade no século XXI:

AS MAIS RECENTES TECNOLOGIAS DE BASE - TECNOLOGIAS REVOLUCIONÁRIAS, COM BASE NA APLICAÇÃO DAS QUAIS O DESENVOLVIMENTO DA SOCIEDADE E AS SUAS BASES DE FORMAÇÃO PODEM SER FUNDAMENTALMENTE ALTERADOS

1. ELECTRÓNICA E INFORMÁTICA

1.1. Microeletrónica;

1.2. Memória terabit;

1.3. Dispositivos supercondutores;

1.4. Chips super inteligentes;

1.5. Chips auto-replicantes;

1.6. Eletrónica ótica, dispositivos de memória ótica terabit, dispositivos de comunicação ótica terabit, elementos e nós de computadores ópticos e sistemas de controlo de diferentes níveis baseados em memória ótica terabit.

Não há dúvida de que a adoção generalizada da Internet de alta velocidade trouxe mudanças dramáticas na partilha de informações e na gestão de dados. No entanto, com todas as vantagens que a comunicação digital rápida traz, a vulnerabilidade a potenciais ciberameaças também está a aumentar. A segurança da informação é, sem dúvida, um dos principais desafios do nosso tempo, exigindo o desenvolvimento e a aplicação de tecnologias de defesa inovadoras.

Numa era em que o ciberespaço global se está a tornar palco de uma ciberguerra sem precedentes, garantir a fiabilidade e a segurança dos suportes de dados é de importância primordial. O desenvolvimento e a implantação de vírus capazes de infligir danos ao nível dos ataques militares exigem uma resposta à altura da crescente complexidade e sofisticação destas ameaças.

As soluções modernas de segurança da informação vão desde simples mecanismos de encriptação a complexos sistemas de segurança com vários níveis, incluindo a aplicação de mecanismos de inteligência artificial para prever e neutralizar ciberataques, bem como o desenvolvimento de algoritmos preditivos para identificar e gerir automaticamente as vulnerabilidades da rede.

Identificar, analisar e comparar diferentes abordagens à segurança da informação, bem como caraterizar as mais recentes tecnologias inovadoras neste domínio, é uma tarefa crucial. Os meus esforços visam encontrar soluções óptimas que garantam a implementação segura da

Internet de alta velocidade sem criar riscos adicionais num ambiente em que a novidade e a complexidade das ciberameaças estão sempre à espreita.

Para se defender contra os ciberataques, a rede utiliza estratégias e tecnologias estratificadas adaptadas a diferentes ameaças e requisitos de segurança. Eis algumas das principais medidas para combater os ciberataques:

- Software antivírus: fornece proteção básica contra vírus conhecidos, cavalos de Troia e outro malware.
- Firewalls: controlam o tráfego de entrada e de saída, bloqueando o acesso não autorizado aos recursos da rede.
- Encriptação de dados: protege a informação transmitida e armazenada, tornando-a ilegível sem a chave de desencriptação adequada.
- Sistemas de deteção e prevenção de intrusões (IDS/IPS): analisam o tráfego de rede em busca de actividades suspeitas e bloqueiam potenciais ameaças.
- Controlo de acesso e autenticação: permite-lhe controlar quem pode aceder a determinados dados e recursos e como.
- Cópia de segurança dos dados: a realização regular de cópias de segurança de dados importantes ajuda a restaurar a informação em caso de ataque.
- Actualizações e correcções de segurança: abordam as vulnerabilidades conhecidas do software e dos sistemas operativos.
- Educação dos utilizadores: sensibilização dos utilizadores para as ciberameaças e desenvolvimento de competências para um comportamento seguro em linha.
- Segmentação da rede: dividir a infraestrutura de rede em partes para limitar a propagação de um ataque dentro da rede.
- Monitorização e análise: analisar e monitorizar regularmente a atividade da rede em tempo real para detetar e responder a ataques.
- Utilização de redes privadas virtuais (VPN): ocultação da atividade da rede e proteção dos dados em trânsito nas redes públicas.
- Autenticação multifactor: requer duas ou mais provas de legitimidade do utilizador para aceder aos recursos.
- Políticas e normas de segurança: desenvolver e aplicar políticas e procedimentos internos para garantir a segurança da informação.

A aplicação combinada destas medidas pode reduzir significativamente o risco de ciberataques bem sucedidos e minimizar os potenciais danos deles decorrentes.

Uma tecnologia de segurança para discos ópticos baseada nos princípios da identificação dimensional das camadas condutoras de marcação oferece uma solução para uma série de problemas existentes no mercado dos sistemas de suportes de armazenamento ótico:

- Segurança melhorada: ao contrário dos sistemas de segurança existentes que são facilmente pirateáveis, esta tecnologia oferece um identificador único que é difícil de decifrar, aumentando significativamente o nível de proteção contra a cópia não autorizada e a apreensão de informações.

- Identificação e controlo eficientes: através da introdução de camadas condutoras com características únicas, os discos ópticos podem ser rápida e eficazmente identificados pela sua propriedade. Isto permite que os suportes sejam contabilizados e controlados dentro da empresa, impedindo a introdução não autorizada de novos suportes e a remoção de suportes existentes.

- Prevenção de fugas de informação: Esta tecnologia pode ser utilizada para restringir a utilização de suportes de armazenamento exclusivamente dentro da rede da empresa. Ao comunicar com os servos da unidade, as camadas de marcação podem bloquear a leitura e a escrita de dados se a unidade tentar ser utilizada fora do local autorizado, evitando assim a fuga de informações.

- Compatível com computadores pessoais sem discos rígidos: a codificação especializada dos discos ópticos permite a sua utilização como meio de identificação do utilizador, proporcionando acesso a recursos empresariais e produtos de software através da Internet. Isto torna-os uma ferramenta conveniente para dispositivos portáteis orientados para a nuvem e para a rede.

Assim, os princípios da identificação dimensional e a utilização de camadas condutoras de marcação representam uma ferramenta poderosa no combate a uma série de desafios-chave da segurança da informação no mundo empresarial atual, fornecendo uma solução eficaz para a segurança da informação a nível físico.

Existem muitas variantes de espessuras de revestimentos de codificação, que permitem ter muitas variantes de código de proteção, ao contrário das tecnologias conhecidas, que têm apenas uma variante de código. No processo de revestimento é aplicada a tecnologia de controlo totalmente idêntica à tecnologia de descodificação, o que permite o controlo total da qualidade da codificação no processo de fabrico dos discos, sem retirar o disco do tapete rolante, ao contrário das tecnologias existentes, em que o disco para controlo tem de ser retirado do tapete rolante e instalado no dispositivo de controlo, sendo assim o controlo seletivo, e na tecnologia proposta - controlo a 100%, o que exclui a libertação de discos defeituosos, que nas tecnologias existentes só são detectados nas tecnologias existentes Na tecnologia proposta, é possível codificar todas as categorias e tipos de discos, independentemente do formato de gravação e leitura, ao contrário das tecnologias existentes, em que a codificação depende do formato de gravação e leitura do disco. O revestimento de codificação pode fornecer a base para um código secreto pessoal ou cifra, o que não está disponível nas tecnologias actuais. O sensor de descodificação e identificação é móvel e pode ter várias variantes de fornecimento, incluindo uma variante autónoma, não ligada à unidade de disco, e nas tecnologias existentes o sistema de descodificação é instalado apenas nas unidades de disco, pelo que é possível controlar a presença e a correção da codificação apenas no processo de instalação do disco na unidade de disco, e na tecnologia proposta o controlo e a identificação do código podem ser feitos fora da unidade de disco, por exemplo, em lojas ou à entrada de empresas e instituições, o que é especialmente importante para garantir a A descodificação elimina qualquer dependência dos sistemas ópticos da unidade de disco, mas os resultados da descodificação podem alterar o funcionamento dos sistemas ópticos, como o servo-drive para orientação e controlo da posição do foco do laser de leitura ou de escrita, ao contrário das tecnologias existentes em que o processo de descodificação depende inteiramente dos elementos ópticos da unidade de disco, o que complica a sua conceção e reduz drasticamente a fiabilidade. A tecnologia proposta tem várias hierarquias do esquema de funcionamento principal, tem um algoritmo flexível e pode ser incorporada em qualquer sistema de segurança de memória ótica, incluindo suportes de armazenamento híbridos, tendo para além do componente ótico e dos suportes outros princípios básicos; as tecnologias existentes não têm esta flexibilidade; permite utilizar o código do disco como palavra-passe de entrada para aceder às matrizes de informação profissional da Internet, o que não está disponível nas tecnologias existentes.

Definição preliminar do produto de base do projeto:

- O principal sector do mercado é o dos clientes empresariais:

Bancos e sociedades financeiras;

Empresas industriais;

Laboratórios científicos e de investigação;

Empresas de transporte, estações de caminho de ferro, aeroportos e portos marítimos;

Grandes retalhistas;

Serviços municipais;

Organizações e instituições governamentais;

Principais instalações médicas;

Companhias de seguros;

Os ramos das forças armadas;

Polícia e serviços de informação.

- Avaliação preliminar da dimensão do mercado:
    - O preço médio de uma unidade de disco com um sensor de ressonância magnética integrado é de 350 dólares;
    - O preço médio de um disco com um anel de codificação é de 5 dólares;
    - O número médio de unidades de disco necessárias para um cliente empresarial é de 1750; o preço das unidades de disco para esse cliente empresarial é de $612500;
    - O número médio de discos necessários para um cliente empresarial é de 17500 - 10 discos por unidade de disco; o preço dos discos para esse cliente empresarial é de $87500;
    - O número aproximado de clientes empresariais é superior a 10.000;
    - O tamanho aproximado do mercado para clientes corporativos é: $70.000.000 por ano;
    - No total, em todas as categorias de clientes empresariais, a dimensão anual estimada do mercado poderá ser superior a 700 000 000 000 dólares na primeira fase.
- Características do produto:

O produto do projeto é um disco ótico com um anel de codificação e uma unidade de disco com um módulo sensor integrado, geralmente constituído por três micro-sensores. Se necessário, o módulo sensor pode ser fornecido sem a unidade de disco. Se necessário, a empresa do projeto pode também prestar serviços a empresas, organizando a colocação em funcionamento do sistema de codificação e proteção de dados numa base "chave na mão".

Princípio da codificação protetora dos suportes ópticos ou dos dispositivos de armazenamento de informações, principalmente sob a forma de um disco, transparente ao fluxo luminoso proveniente do sistema ótico de saída de um díodo laser de modo único, com dimensões executivas normalizadas: diâmetro exterior de 120 milímetros e espessura de 1,2 milímetros; o disco é colado a partir de duas metades, cada uma com uma espessura de 0,6 milímetros; o revestimento é aplicado numa das metades do disco num anel com um diâmetro exterior de 120 milímetros e um diâmetro interior de 118 milímetros; a espessura do revestimento é de 0,6 milímetros.

A base concetual da codificação consiste no seguinte princípio: o sinal de codificação é formado a partir da reação de um sensor ou grupo de sensores à espessura do revestimento anular do disco, comparação do sinal recebido com um padrão estatístico deste sinal, o equivalente da reação ressonante dos sensores à espessura do revestimento, indicadores específicos do material de revestimento, condutividade do material de revestimento, densidade do material de revestimento, resistência eléctrica do material de revestimento. No sistema de marcação servo do disco formatado, que, em regra, tem a forma de combinações de grupos de pontos servo nas faixas de informação do disco, em vez de um dos pontos da combinação de grupo, é introduzido o sinal do sensor de descodificação do sistema de codificação de proteção e, em caso de coincidência do sinal integrado de três sensores com os parâmetros de sinal especificados, o sistema servo da unidade de disco começa a orientar o foco do laser na faixa de informação e, assim, o sistema inicia o processo de leitura ou escrita no disco ótico. Em caso de discrepância entre o sinal dos sensores e a forma estatística do sinal na memória do processador da unidade de disco, o servo sistema da unidade de disco não orienta nem estabiliza a trajetória de focagem do feixe de díodos laser na pista de informação do disco e a leitura ou escrita no disco torna-se impossível.

A identificação do disco na unidade de disco pode ser efectuada medindo a espessura do revestimento em tempo real, comparando os resultados da medição com o valor estatístico deste parâmetro armazenado no processador da unidade de disco e emitindo um sinal para o dispositivo de comparação no processador da unidade de disco. O processo de identificação pode ser efectuado quando o disco é rodado ou quando o disco é inserido na unidade de disco. Durante a identificação, quando o disco é inserido na unidade de disco, os resultados negativos da identificação não permitem a inclusão de qualquer estrutura da unidade de disco e, vice-versa, um sinal de identificação positivo permite as estruturas necessárias da unidade de disco.

Os elementos do sistema de proteção de codificação-descodificação por ressonância podem ser integrados em qualquer conceção de unidade de disco existente que implemente todas as tecnologias de memória ótica conhecidas, sem quaisquer limitações de conceção ou de circuito. As unidades de disco existentes também podem ser modificadas para a instalação de um sistema de microssensores, cortando um micromódulo de sensor na estrutura de suporte da caixa da unidade de disco. Se necessário, o revestimento pode ser efectuado em discos existentes.

O fabrico de um disco ótico com um revestimento de codificação de proteção não exige tecnologias e equipamentos especiais. O equipamento tecnológico modernizado atualmente em uso pode ser utilizado para o fabrico. A aplicação do revestimento de codificação pode ser combinada com a realização de uma cópia do disco num molde, utilizando um disco-mestre com um ponto de identificação num sistema de servo-marcação formatado, que será assim impresso em cada pista de informação, que são mais de 37000 num disco ótico convencional.

O esquema aproximado de utilização de discos com codificação-descodificação protetora em empresas clientes prevê o fabrico, para cada uma delas, de um determinado número de discos com parâmetros de espessura e coordenadas de microssensores inerentes apenas a esse cliente. A conceção e as características técnicas do micromódulo sensor também podem ser melhoradas com base nos desejos do cliente, mas de acordo com os parâmetros de controlo do revestimento de codificação protetora nos discos.

Os discos com codificação de segurança podem ser utilizados em sistemas Blu-ray e HD DVD, além disso, o sistema de codificação de segurança pode ser aplicado em novos desenvolvimentos e tecnologias de memória digital ótica, incluindo discos com densidade de gravação especialmente elevada, discos multicamadas, discos ópticos monolíticos com capacidade de memória de 1 terabit ou mais.

No fabrico de discos, a indicação necessária na servo-marcação pode ser feita durante o processo de prensagem; o servo-acionamento da unidade de disco inicia a orientação do ponto focal do feixe laser apenas quando o sinal de codificação do sistema de codificação e descodificação, formado por um sistema de três micro-sensores, que através de métodos de ressonância magnética, comparam a espessura do revestimento com a norma e se os parâmetros do sinal corresponderem à norma, pelo menos dois sensores, adicionam o sinal recebido ao sistema de símbolos e pontos de marcação do servo-marcador.

A tecnologia de fabrico de discos para computadores pessoais é semelhante à tecnologia de fabrico desses discos para outras variantes de memória ótica. A técnica de utilização de discos com codificação de segurança é formada com base no tipo de computador, no seu grau de saturação e potência, velocidade, etc. De particular importância é a possibilidade de utilizar a técnica e a tecnologia de codificação de segurança em discos híbridos que estão a ser criados, combinando um disco rígido com um disco ótico.

Voltemos à previsão anterior:

1.7. Bioelectrónica, incluindo biossensores; biocomputadores;

1.8. Hardware para sistemas de informação, incluindo computadores super - paralelos; neuro - computadores;

1.9. Software, sistemas de tradução automática; sistemas de modelização da realidade (SISTEMAS DE REALIDADE VIRTUAL); bases de dados auto-reprodutoras.

2. NOVOS MATERIAIS

2.1. Cerâmica, incluindo supercondutores (bobinas com a propriedade de supercondutividade a altas temperaturas); supercondutores de calor - nanocompósitos à base de diamantes artificiais e naturais; turbinas e motores a gás criados com materiais cerâmicos; novos tipos de vidro (vidro ótico não linear); novos tipos de revestimentos em vidro e cerâmica, que alteram significativamente as suas propriedades;

2.2. Semicondutores, incluindo os circuitos integrados ópticos; elementos semicondutores superlattice;

2.3. Metais, incluindo as ligas amorfas; ligas com absorção de hidrogénio; materiais magnéticos;

2.4. Materiais orgânicos; elementos optoelectrónicos não lineares orgânicos; memória baseada na queima de buracos ópticos; dispositivos moleculares; compósitos moleculares termoplásticos;

2.5. Materiais compósitos, plásticos reforçados com fibras de carbono de alta qualidade; compósitos metálicos de alta qualidade; compósitos cerâmicos de alta qualidade; compósitos carbono-carbono de alta qualidade (carbono-carbono, grafite modificada, grafite pirolisada, grafite pirolisada em várias fases, grafite activada electroquimicamente, sobre suporte de viscose flexível ou elástica com ativação eletroquímica subsequente após aplicação de grafite pirolisada à matriz de viscose).

3. CIÊNCIA DA VIDA

3.1. Novos tipos de medicamentos, incluindo medicamentos para o tratamento (prevenção) de doenças tumorais; medicamentos para o tratamento (prevenção) da demência senil; medicamentos para o tratamento (prevenção) de doenças do sistema imunitário e alergias;

3.2. Utilização de características somáticas humanas, incluindo banco de medula óssea; bioenergia;

3.3. Produção de bio-objectos artificiais, incluindo órgãos artificiais; enzimas e membranas artificiais.

TECNOLOGIAS DE BASE QUE APOIAM AS ACTIVIDADES DE PRODUÇÃO, ASSEGURANDO A COMPETITIVIDADE DA INDÚSTRIA NO MERCADO MUNDIAL

4. ENERGIA

4.1. Tecnologias de produção de energia, incluindo células de combustível; fontes de energia solar; emulsões alternativas de água-petróleo; reactores de água leve de pequena dimensão com estabilidade própria; reactores de fusão nuclear; reactores multiplicadores de alta velocidade;

4.2. Tecnologias de eficiência energética, incluindo refrigeração de alta eficiência e bombas de calor; condensadores de energia supercondutores.

5. AUTOMATIZAÇÃO

5.1. Robotização, robôs com inteligência artificial; dispositivos de manipulação de micro-objectos;

5.2. Tecnologias no domínio do equipamento de maquinagem, máquinas-ferramentas com inteligência artificial e controlo numérico computorizado; centros de maquinagem complexos; máquinas de maquinagem de ultraprecisão;

5.3. Tecnologias CAD/CAM, conceção e fabrico assistidos por computador, sistemas de conceção assistida por computador com inteligência artificial; modelação de produtos;

5.4. Tecnologias CIM/HIM (fabrico integrado complexo e altamente integrado), sistemas autónomos com controlo distribuído; equipamento de processo integrado.

TECNOLOGIAS DE BASE SOCIALMENTE IMPORTANTES QUE CONTRIBUEM PARA MELHORAR O NÍVEL DE VIDA

6. LIGAÇÃO

6.1. Sistemas de comunicações móveis e por satélite, incluindo comunicações pessoais; redes de dados baseadas em estações terrestres ultra-pequenas (VSAT) e satélites;

6.2. Transmissão de imagens, incluindo televisão de alta definição (HDTV); sistemas de televisão por cabo para comunicações por satélite - transmissão de programas de rádio (CS/DC-CATV);

6.3. Comunicações multicanais, sistemas de conferência televisiva; videotelefones;

6.4. Desenvolvimento de redes de comunicações, comutadores de redes de comunicações digitais integradas (ISD) de banda larga; sistemas de comunicações ópticas por assinatura; redes locais de comunicações ópticas.

7. TRANSPORTE

7.1. Transporte ferroviário, meios de transporte com motor linear baseado no princípio da supercondutividade. Nova geração de veículos com motor linear movido pelo princípio da supercondutividade a altas temperaturas; transportes terrestres de alta velocidade com motor linear (HSST); sistema avançado de controlo de comboios (ATCS); sistemas bimodais (sistema de tráfego de extremo a extremo);

7.2. Tecnologia de produção automóvel, automóveis de nova geração (com motores combinados, com motores que funcionam com emulsões de gasolina e água ou óleo solar e água); automóveis com fontes de energia alternativas (automóveis eléctricos); tecnologias revolucionárias de produção automóvel;

7.3. Construção naval, tecno-superlinhas; navios planadores de superfície; navios com inteligência artificial; aquarobots;

7.4. Transporte aéreo, aviões de passageiros com vários lugares; aviões de transporte hipersónico; pequenos aviões a hélice com descolagem e aterragem vertical.

8. UTILIZAÇÃO DO ESPAÇO

8.1. Tecnologias de exploração espacial, instalações subterrâneas para experiências de ausência de gravidade; bases de investigação na superfície da lua; catapulta de propulsão linear;

8.2. Tecnologias terrestres, construção de super arranha-céus; super grandes cúpulas aéreas; tecnologias de desmantelamento de super arranha-céus;

8.3. Utilização do espaço subterrâneo, redes subterrâneas de transporte de mercadorias; construção de auto-estradas e caminhos-de-ferro subterrâneos a grandes profundidades; sistemas subterrâneos de condensação de calor;

8.4. Utilização dos oceanos, criação de ilhas artificiais; estações flutuantes; zonas de pastagem marinha; zonas de recreio marinho.

TECNOLOGIAS DESTINADAS A COMBATER A DEGRADAÇÃO AMBIENTAL, A CRIAR INSTALAÇÕES DE PRODUÇÃO QUE POUPEM RECURSOS E A CRIAR INSTALAÇÕES DE PRODUÇÃO SEM RESÍDUOS

9. ECOLOGIA

9.1. Medidas relacionadas com o aquecimento geral da Terra (aquecimento climático), tecnologias de sequestro de CO2 utilizando um catalisador; tecnologias de sequestro de CO2 utilizando plantas; tecnologias de sequestro e reciclagem de CO2;

9.2. Luta contra a destruição do ozono, gases de substituição do Freon; tecnologias de regeneração do Freon;

9.3. Controlo de resíduos, plásticos autodestrutivos; sistemas subterrâneos de tratamento de resíduos convencionais; instalações subterrâneas de armazenamento e tratamento de água;

9.4. Tecnologias de produção com economia de recursos;

9.5. Tecnologias sem resíduos;

9.6. Tecnologias para a descontaminação de objectos contaminados;

9.7. Tecnologias para limpar ambientes aquáticos de contaminação radioactiva;

9.8. Tecnologias de equipamento de proteção individual contra catástrofes naturais e provocadas pelo homem;

9.9. Tecnologias dos equipamentos de proteção individual contra actos terroristas;

9.10. Tecnologias de equipamentos de proteção individual descartáveis contra catástrofes naturais e provocadas pelo homem;

9.11. Tecnologias para equipamentos de proteção individual descartáveis contra ataques terroristas;

9.12. Tecnologias de proteção de habitações individuais contra catástrofes de origem humana;

9.13. Tecnologias de proteção de habitações individuais contra catástrofes naturais;

9.14. Tecnologias energéticas alternativas para habitações individuais em caso de emergência;

9.15. Tecnologias para a produção de água sintética a partir do ar.

Os suportes ópticos com tecnologias de proteção avançadas têm uma vasta gama de aplicações em vários domínios, incluindo aspectos tecnológicos da reabilitação funcional e fisiológica. Eis alguns exemplos da sua utilização prática:

- Programas de educação do doente: Os discos ópticos podem armazenar vídeos e programas educativos destinados à recuperação de lesões ou cirurgias. Estes programas, que incluem técnicas de fisioterapia, meditação e exercícios de respiração, podem ser utilizados pelos doentes em casa para acelerar o processo de reabilitação.

- Pacotes de relaxamento e meditação: composições e vídeos especializados para relaxamento, meditação e gestão do stress podem ser colocados em suportes ópticos, tornando-os facilmente acessíveis aos doentes. Estes pacotes podem ser utilizados tanto em centros de reabilitação como em casa.

- Programas de treino e formação para a reabilitação: os discos ópticos que contêm programas de recuperação motora e de formação com um conjunto específico de exercícios e instruções sobre a forma de os realizar podem ser um elemento importante da reabilitação física.

- Programas de fisioterapia e de terapia ocupacional: os discos podem servir de suporte para programas especializados destinados a estimular as capacidades motoras, a coordenação e a recuperação das capacidades de autocuidado, que também são importantes para uma reabilitação bem sucedida.

- Utilização em psicoterapia e cuidados psicológicos: os discos ópticos podem conter materiais para sessões de psicoterapia, incluindo visualizações, música e programas anti-ansiedade, permitindo que os doentes os utilizem para autoajuda e como complemento do tratamento convencional.

- Programas de deficiência cognitiva: os suportes ópticos podem acolher formação cognitiva e programas concebidos para estimular a memória, a atenção, o raciocínio lógico e outras funções cognitivas para uma variedade de deficiências.

As tecnologias de segurança avançadas para suportes ópticos garantem que esta informação está protegida contra cópias não autorizadas, preservando os direitos de autor e a confidencialidade do conteúdo, o que é fundamental para a informação médica e de reabilitação.

São dados outros exemplos de utilização prática de meios ópticos e de aspectos da reabilitação funcional e fisiológica em projectos anteriormente implementados.

ESTELA DE INFORMAÇÃO

O pedestal de informação pode ser integrado num sistema de suporte ótico para melhorar a sua capacidade de fornecer e proteger informações. A relação entre o pedestal de informação e um disco ótico com um anel de codificação e uma unidade de disco com um módulo sensor integrado pode ser utilizada para os seguintes fins

1. Melhoria da segurança da informação: O anel de codificação no disco ótico e o módulo sensor na unidade de disco podem ser utilizados para criar um sistema altamente eficiente de autenticação e encriptação dos dados fornecidos pelo pedestal de informação. Isto proporciona uma camada adicional de proteção para informações sensíveis.

2. Interação interactiva com o utilizador: o módulo tátil pode monitorizar e reagir à interação do utilizador com a parede informativa, activando a visualização de informações específicas ou lançando conteúdos multimédia armazenados num disco ótico.

3. Personalização da informação: ao utilizar sensores para identificar o utilizador ou as suas preferências, o sistema pode fornecer informações personalizadas, melhorando a experiência do utilizador.

4. Implementação chave na mão do sistema de codificação e proteção da informação: os serviços completos incluem não só a instalação da estela e a integração com os suportes ópticos, mas também a criação de software especializado para garantir o funcionamento eficaz de todo o sistema.

Exemplos de aplicações:

1. Instituições de ensino: as estelas de informação podem ser utilizadas em universidades, escolas e museus para fornecer conteúdos educativos, mapas interactivos e instruções.

2. Centros comerciais e empresariais: para fornecer informações sobre a localização de lojas, promoções, eventos e serviços com a proteção adicional de informações confidenciais de clientes e parceiros.

3. Instituições e organizações públicas: em edifícios de escritórios e exposições, os pedestais de informação podem ser um meio de sensibilizar os visitantes e melhorar a sua interação.

A integração de um pedestal de informação com um sistema de suporte ótico e um módulo de sensor aumenta a funcionalidade dos pedestais, garante a segurança dos dados e cria oportunidades inovadoras para a interação do utilizador em vários projectos.

Existem várias razões e vantagens fundamentais para a utilização de um anel de codificação no disco ótico de uma estela de informação:

1. Proteção de dados: O anel de cifragem aumenta a segurança ao cifrar os dados armazenados no disco ótico. Isto impede o acesso não autorizado e a cópia de informações.
2. Autenticação: o anel de codificação pode conter identificadores únicos que permitem verificar a autenticidade do disco e dos dados fornecidos, protegendo assim contra a contrafação.
3. Controlo de acesso: o sistema pode ser configurado para ler e processar informações apenas a partir de discos que tenham a codificação correcta. Isto restringe a utilização do pedestal apenas a suportes autorizados.
4. Integração de software: o software stele especializado pode utilizar o anel de codificação para carregar e apresentar conteúdos de forma dinâmica, permitindo assim que a informação seja facilmente actualizada e que a funcionalidade do dispositivo seja alargada.

A utilização de um anel de codificação no disco ótico do pedestal de informação reforça os princípios da segurança da informação, da eficiência da distribuição de dados e da flexibilidade da gestão de conteúdos.

A utilização de um anel de codificação na pilha de dados desempenha um papel fundamental na gestão e controlo do acesso aos dados:

1. Encriptação de dados: um anel pode transportar a informação necessária para descodificar ou desencriptar o conteúdo de um disco ótico, pelo que, sem o anel de codificação correto, os dados são inacessíveis.
2. Marcação física única: como mecanismo de segurança física, o anel de codificação no disco serve como uma camada adicional de segurança que é necessária para a autenticação antes de interagir com o conteúdo.
3. Autorização de acesso: apenas as unidades de disco ou os leitores ópticos com o módulo sensor adequado podem ler informações do anel, restringindo o acesso apenas a dispositivos autorizados.
4. Interação do software: o software do pedestal de informação pode ser configurado para executar acções apenas após a autorização bem sucedida do anel de codificação, garantindo assim que apenas é utilizado o disco ótico correto.
5. Medidas preventivas contra a utilização indevida: a codificação em anel actua como um mecanismo preventivo que impede que a informação seja copiada ou modificada sem autorização.

Como resultado, através da utilização de anéis de codificação nos pedestais de informação, o acesso aos dados pode ser efetivamente controlado, minimizando o risco de utilização não autorizada ou de divulgação de informações confidenciais.

Para garantir a segurança física dos steles de informação, para além da utilização de anéis de codificação em suportes ópticos, podem ser utilizados vários métodos e dispositivos:

1. Caixa anti-vandalismo: as caixas robustas e resistentes evitam danos físicos no pedestal e nos dispositivos nele montados.

2. Fechaduras e mecanismos de bloqueio: as fechaduras dos compartimentos dos suportes de dados e de outros componentes críticos oferecem proteção contra o acesso não autorizado.

3. Meios electrónicos de proteção: utilização de fechaduras electrónicas e de alarmes activados em caso de acesso não autorizado.

4. Proteção contra as intempéries: os materiais à prova de água e resistentes aos raios UV protegem o pedestal da chuva, da neve e da luz solar direta.

5. Controlo da temperatura: os sistemas integrados de arrefecimento e aquecimento evitam o sobreaquecimento ou o arrefecimento excessivo de componentes importantes do pedestal.

6. Sensores ultra-sónicos ou infravermelhos: para detetar e avisar da aproximação não autorizada ao pedestal.

7. Sistemas de controlo de acesso: os sistemas biométricos, como os leitores de impressões digitais ou o reconhecimento facial, podem ser utilizados para controlar o acesso às funções da estela.

8. Fixação da base: fixar firmemente o pedestal ao chão ou a outra superfície para evitar que seja deslocado ou roubado.

9. Protectores de ecrã: os protectores de ecrã resistentes a riscos e impactos mantêm o seu ecrã intacto e legível.

A utilização destes métodos de proteção pode reduzir significativamente o risco de vandalismo, roubo, danos causados pelas intempéries e outros factores externos, aumentando assim a longevidade e a fiabilidade das estelas de informação em várias condições.

Os sensores ultra-sónicos e de infravermelhos desempenham um papel importante no sistema de proteção dos pedestais de informação contra o acesso não autorizado ou o vandalismo: estes sensores podem monitorizar os objectos que se aproximam do pedestal. Se um objeto se aproximar demasiado ou tentar interagir com a estela de forma não autorizada, os sensores são accionados e activam um sistema de resposta específico - pode ser um aviso sonoro ou visual, uma notificação ao serviço de segurança, o bloqueio das funções da estela, etc.

Se ocorrer um acesso não autorizado ao pedestal de informação, podem ser utilizados vários tipos de avisos para garantir a segurança e a proteção do equipamento:

1. Áudio - Avisos: os altifalantes podem emitir avisos ou mensagens como "Por favor, afaste-se da unidade" ou "É proibido o acesso não autorizado".
2. Avisos visuais: o ecrã da estela pode apresentar flashes coloridos ou mensagens de aviso gráficas específicas.
3. Notificações aos vigilantes: o sistema de segurança pode enviar automaticamente notificações ao posto de vigia ou às unidades de segurança.

O que são soluções para cidades inteligentes?

Cidade inteligente" (smart city em inglês) é um conceito de integração de várias tecnologias de informação e comunicação e da Internet para gerir infra-estruturas urbanas.

O complexo inclui:

- painel de informação interativo;
- dois dispositivos de observação geomagnética por imersão.

O painel de informação está adicionalmente equipado com:

- duas câmaras de vigilância exteriores que vigiam o espaço em frente ao painel;
-

três microfones e sistemas acústicos para criar zonas de interação confortável entre três utilizadores em simultâneo.

Tecnologia de captura de movimentos faciais em tempo real

A utilização desta tecnologia permite organizar a comunicação entre os residentes e os responsáveis de um bairro ou cidade, representados como seus avatares, controlados por pessoal especialmente treinado. O controlo é efectuado em tempo real sem qualquer hardware especializado. As emoções do avatar são controladas pelo operador; a sua posição corporal e o seu comportamento correspondem a padrões emocionais pré-determinados escolhidos pelo operador no processo de comunicação.

DISPOSITIVOS DE OBSERVAÇÃO GEOMAGNÉTICA IMERSIVA

Os dispositivos de observação geomagnética imersiva desempenham um papel importante na criação de soluções para cidades inteligentes, permitindo uma interação interactiva com os utilizadores e aumentando a eficiência dos serviços urbanos:

Relaxamento e reabilitação:

Os dispositivos de visualização geomagnética imersiva podem ser utilizados em clínicas e centros de reabilitação para reduzir o stress e a ansiedade dos pacientes, proporcionando cenários visuais calmantes que promovem o relaxamento e a recuperação mental.

Aplicação científica:

Em ambientes académicos e centros de investigação, estes dispositivos podem ser utilizados para visualizar dados e modelos complexos, proporcionando uma compreensão mais profunda dos problemas e resultados da investigação.

Proteção contra o acesso não autorizado:

A integração com o sistema de suportes ópticos permite proteger as informações fornecidas pelos dispositivos de imersão contra o acesso não autorizado, assegurando o controlo e a proteção dos dados.

Aplicações para cidades inteligentes:

Os dispositivos de vigilância geomagnética imersiva podem ser utilizados nos sistemas de informação urbana, nos transportes, nas instalações médicas, na gestão da energia e dos resíduos e nas agências de aplicação da lei para melhorar a qualidade de vida dos cidadãos e otimizar as infra-estruturas urbanas.

A utilização de tecnologias imersivas, combinadas com dados dos residentes das cidades e de dispositivos electrónicos, pode aumentar a eficiência da gestão urbana, melhorar o ambiente e promover o desenvolvimento socioeconómico. Sistemas baseados em inteligência artificial, big data e análise preditiva complementam a funcionalidade desses dispositivos, transformando as cidades em ecossistemas inteligentes onde a informação serve de base para a elaboração de estratégias e a tomada de decisões em várias esferas da vida urbana.

Um sistema de suportes ópticos pode integrar-se em dispositivos de imersão de forma a proteger e gerir a informação. Eis como isso pode ser feito:

1. Encriptação de dados: As informações em suportes ópticos podem ser encriptadas utilizando algoritmos de encriptação avançados. Isto garante que, mesmo que o suporte seja fisicamente roubado, os dados permanecem protegidos contra o acesso não autorizado.

2. Autenticação do acesso aos dados: Um sistema de suportes ópticos pode exigir autenticação antes de conceder acesso aos dados. Tal pode ser efectuado através de anéis de codificação especiais ou outros mecanismos de identificação que devem ser reconhecidos pelo dispositivo de imersão.

3. Integração na nuvem: Os suportes ópticos podem ser utilizados para armazenar chaves de encriptação ou tokens de acesso a sistemas de nuvem onde a informação subjacente está armazenada. Isto proporciona outra camada de proteção, uma vez que os dados só podem ser acedidos com suportes físicos.

4. Restrições temporárias de acesso: O acesso à informação através de dispositivos de imersão pode ser restringido por limites de tempo. Os dados em suportes ópticos podem ser automaticamente bloqueados ou apagados após um determinado período de tempo.

5. Proteção física dos suportes de armazenamento: os suportes ópticos podem ser instalados em caixas protegidas contra impactos e vandalismo. Esses invólucros podem ser integrados diretamente em dispositivos de imersão, minimizando o risco de acesso físico não autorizado.

6. Registo e monitorização do acesso: sempre que um suporte ótico é acedido através do dispositivo de imersão, este facto pode ser registado. Isto garante que todas as tentativas de acesso podem ser rastreadas e analisadas, se necessário.

Esta integração não só protege eficazmente informações valiosas, como também melhora a capacidade de as fornecer e gerir.

Os vídeos seguintes podem ser utilizados para relaxar e reabilitar com dispositivos de observação geomagnética imersiva:

- Cenas da natureza: os vídeos que mostram belas paisagens naturais, como bosques, rios de montanha, margens do oceano ou lagos tranquilos, favorecem o relaxamento e podem ser utilizados na terapia do stress.

- Vistas do espaço: os vídeos que mostram a grandeza e a escala do espaço podem aumentar a sensação de descontração e proporcionar uma oportunidade única de viajar no espaço sem movimento físico.

- Imagens meditativas e abstractas: imagens em câmara lenta e calmantes, padrões visuais abstractos ou animações meditativas podem promover o relaxamento mental e a atenção.

- Mundo subaquático: vídeos imersivos que retratam cenas subaquáticas permitem mergulhar no mundo dos animais marinhos e dos recifes, trazendo paz e emoções positivas.

- Cenas do passado: as reconstruções de acontecimentos históricos ou de mundos antigos podem ser utilizadas para a reabilitação cognitiva e para estimular o interesse pela história e pela cultura.

Os dispositivos de observação geomagnética imersiva podem ser utilizados nos seguintes domínios da ciência:

1. Astronomia: O estudo de objectos e fenómenos espaciais através de vídeos imersivos simplifica a explicação de conceitos complexos e melhora a compreensão dos dados astronómicos.

2. Biologia e Ecologia: A utilização de vídeos da vida selvagem e dos ecossistemas ajuda na educação e na aprendizagem sobre a conservação.

3. Medicina e psicoterapia: os vídeos imersivos podem ser utilizados para meditação, relaxamento e como parte da terapia artística.

4. Educação e formação: Os vídeos de conteúdo imersivo melhoram o processo de aprendizagem, fornecendo visualizações mais vívidas para uma melhor compreensão de tópicos complexos.

5. Arqueologia e História: As reconstruções de cenas e monumentos históricos podem ser úteis para o estudo visual da história.

6. Geografia e Cartografia: Criar mapas e paisagens interactivos ajuda a compreender melhor os dados geográficos e o estudo da geologia.

As tecnologias imersivas aceleram o progresso da investigação, melhoram as experiências educativas e fazem avançar vários domínios da ciência através da criação de ambientes visuais e interactivos imersivos.

Os dispositivos de monitorização geomagnética imersiva podem ser utilizados para melhorar o sono e reduzir a ansiedade através dos seguintes princípios

1. Criar uma atmosfera calmante: Vídeos imersivos com cenas calmantes da natureza ou imagens abstractas em movimento lento podem criar o ambiente relaxante necessário para adormecer rapidamente e dormir profundamente.

2. Meditação e atenção plena: Os vídeos que incluem elementos de meditação podem ajudar os espectadores a concentrarem-se no momento presente, o que ajuda a reduzir os níveis de ansiedade.

3. Supressão de ruído: Os dispositivos imersivos podem ser utilizados para reproduzir som ambiente (por exemplo, ruído de floresta, ruído de ondas, ruído branco), que tem um efeito calmante e ajuda a desviar a atenção de pensamentos inquietos antes de deitar.

4. Estímulos visuais positivos: A utilização de estímulos visuais com imagens e histórias positivas pode ajudar a reduzir a ansiedade e a criar um estado de espírito positivo antes da hora de deitar.

A utilização de tecnologias imersivas em casa, como parte de um ritual de deitar ou em centros de terapia para sessões de relaxamento, pode facilitar a gestão da insónia e das perturbações de ansiedade. Quando devidamente integrados em estratégias de gestão do stress e na terapia cognitivo-comportamental, os dispositivos imersivos podem aumentar os efeitos deste método na terapia holística.

A frequência de utilização dos dispositivos de monitorização geomagnética imersiva para melhorar o sono pode variar em função das necessidades e preferências individuais do utilizador, bem como das recomendações dos especialistas. As recomendações baseiam-se geralmente nos seguintes princípios:

1. Nas fases iniciais: Pode começar com uma utilização frequente, por exemplo diariamente durante as primeiras semanas, para melhorar a qualidade do sono e criar hábitos de sono saudáveis.

2. Incorporá-lo no seu ritual de deitar: A utilização regular do dispositivo como parte do seu ritual de deitar pode promover reflexos positivos no sono - por exemplo, ver vídeos imersivos 30 a 60 minutos antes de se deitar.

3. Conforme necessário: Se o objetivo da utilização do dispositivo for reduzir a ansiedade, este pode ser utilizado conforme necessário, por exemplo, durante períodos de elevado stress ou antes de eventos que provoquem ansiedade.

4. Seguir as indicações do médico: Se a utilização do aparelho fizer parte de um programa de terapia, é importante seguir as instruções de um especialista que possa determinar individualmente a frequência e a duração ideais das sessões.

É importante monitorizar a resposta do corpo às sessões de imersão e, se necessário, ajustar a sua frequência e duração para evitar os efeitos da habituação ou da sobrecarga de estímulos antes de deitar. A abordagem ideal para a utilização de dispositivos de imersão é a moderação e a combinação com outros métodos para melhorar a qualidade do sono, como exercícios de relaxamento, higiene do sono e evitar estimulantes antes de deitar.

SIMULADORES VIRTUAIS, SIMULADORES VIRTUAIS FORMAÇÃO VR

Nesta era de rápidas descobertas tecnológicas, a realidade virtual (RV) continua a expandir-se para além da indústria dos jogos, tornando-se uma poderosa ferramenta de formação e reabilitação. Os simuladores virtuais de RV, incorporados através de sistemas de visualização de última geração utilizados ativamente na investigação científica, estão a encontrar aplicações numa variedade de domínios industriais e médicos. Estas ferramentas estão a alterar os métodos de formação tradicionais, transformando-os de actividades dispendiosas e demoradas num meio eficaz e económico de desenvolver competências profissionais. Os suportes ópticos desempenham um papel importante na implantação das tecnologias de RV, uma vez que proporcionam um meio conveniente e fiável de armazenar os dados extensivos necessários para uma experiência imersiva de volume total. As capacidades de cifragem dos discos ópticos, como o CD, o DVD e o Blu-ray, proporcionam uma camada adicional de proteção contra o acesso não autorizado e a capacidade de copiar conteúdos. A utilização de métodos sofisticados de codificação e identificação, incluindo camadas condutoras especiais, aumenta significativamente a segurança dos dados armazenados e garante a sua integridade. As aplicações de formação em RV requerem frequentemente grandes volumes de dados, visualização intensiva de recursos e cenários de escalonamento para os quais o tráfego de rede pode não estar preparado. Os suportes ópticos estão a tornar-se a resposta a esses requisitos, permitindo aos utilizadores aceder aos programas e simulações necessários, mesmo quando a conetividade à Internet é limitada.

Tendo em conta estas tendências, a RV combinada com suportes ópticos seguros é muito promissora no domínio da reabilitação funcional e fisiológica, proporcionando programas educativos e terapêuticos acessíveis a qualquer pessoa que necessite de técnicas de reabilitação eficazes e personalizadas. A compatibilidade, a segurança e a facilidade de utilização fazem desta combinação de tecnologias a base para o futuro da formação e da terapia médicas.

Виртуальная копия

Реальный объект

DESENVOLVIMENTO DA REALIDADE VIRTUAL NO MUNDO MODERNO

O envolvimento no mundo virtual, utilizando aplicações especiais que simulam a realidade tanto quanto possível, permite a uma pessoa escolher a melhor solução para uma situação crítica. Nem todos os dispositivos que são apresentados como um meio de imersão no mundo virtual o são na realidade. Todos eles devem preencher os seguintes critérios:

- Modo em tempo real.
- Interatividade. Deve ser possível obter uma resposta às nossas próprias acções no processo de aprendizagem.
- Tridimensionalidade, permitindo a realização de um efeito totalmente imersivo.

Os simuladores especiais de RV permitem introduzir uma pessoa num determinado espaço que copia totalmente o ambiente e as circunstâncias reais. Esta é uma fase crucial na formação de especialistas em vários domínios, permitindo-lhes elevar o nível da sua formação. Isto é condicionado pela situação que se vive atualmente no mercado. As consequências dos erros do pessoal são cada vez mais fatais, e muitas interacções entre o homem e os equipamentos industriais são realizadas à distância, excluindo o contacto enquanto tal. A formação num simulador permite desenvolver a tecnologia das acções em caso de cataclismo real. A formação de especialistas neste domínio é extremamente importante, porque é impossível prever a ocorrência de terramotos, o que constitui uma verdadeira desgraça para muitos países.

O desenvolvimento de simuladores de realidade virtual destina-se a várias indústrias e à aviação. Podem ser fabricados sob a forma de pista, plataforma ou cubo, com dimensões de 2,5 por 2,5 metros.

Caracterizam-se pelas seguintes características:

- A pessoa pode interagir com objectos, pode ver os seus braços e pernas a moverem-se em diferentes direcções.
- Uma cópia digital actualizada.
- Modelação de várias situações de emergência e de acidente.
- Capacidade de integração com sistemas de instalações reais.

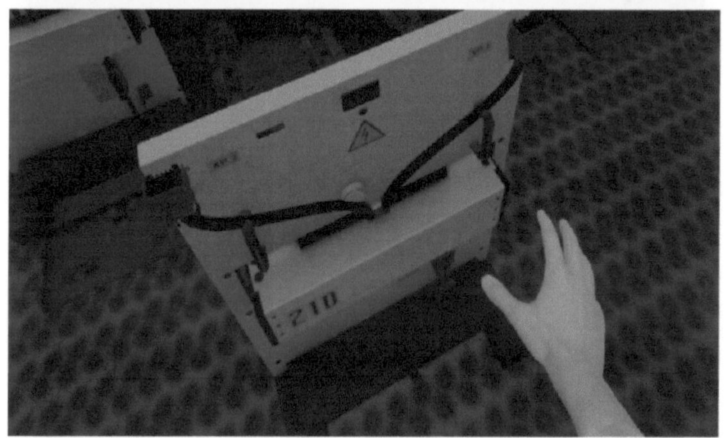

A figura mostra um simulador para o pessoal de operação e manutenção baseado num posto de transformação virtual. O simulador foi desenvolvido para praticar as competências profissionais do pessoal durante operações de comutação complexas em subestações de 110 kV e permite simular dezenas de situações regulares e anómalas, desde a preparação do local de trabalho até à necessidade de comutar o equipamento em modo de emergência. A modelação virtual complementa qualitativamente a formação do pessoal operacional e garante a prática efectiva de cenários de acções necessárias em várias situações desenvolvidas pelos especialistas da empresa. A utilização da tecnologia de realidade virtual e aumentada proporciona um elevado nível de visibilidade, aumenta a eficiência da formação, reduz a sua duração e permite o controlo operacional e a gestão do pessoal na resolução de tarefas específicas.

PASSEIO DE ASA DELTA COM CAPACETE VIRTUAL PARA REABILITAÇÃO DO STRESS

O passeio de Asa Delta com capacete virtual é uma combinação única de entretenimento e aplicação terapêutica, utilizando a mais recente tecnologia de realidade virtual para estimular a atividade física e psicológica. Os meios ópticos desempenham um papel fundamental nesta tendência inovadora, proporcionando uma série de benefícios:

1. **Acessibilidade e compatibilidade**: Os suportes ópticos facilitam a distribuição e o acesso a conteúdos especializados criados para a atração da asa delta, permitindo a sua utilização numa variedade de plataformas e dispositivos, tornando a tecnologia amplamente disponível.

2. **Segurança do conteúdo**: Os mecanismos sofisticados de encriptação e proteção utilizados nos discos ópticos impedem a cópia e a distribuição não autorizadas do software e do conteúdo multimédia da atração, preservando assim a exclusividade e o valor comercial do produto.

3. **Apoio à reabilitação funcional e fisiológica**: O software incluído em suportes ópticos pode conter exercícios e guiões especificamente concebidos para utilização em programas de reabilitação destinados a restaurar a função física e a reduzir a ansiedade dos utilizadores.

4. **Fácil de atualizar e gerir**: Os discos ópticos facilitam a rápida atualização de conteúdos e software, proporcionando aos operadores de atracções soluções fáceis de utilizar para a manutenção e gestão de atracções.

5. **Escalabilidade e diversidade**: Com a utilização de suportes ópticos, é fácil escalar e modificar a experiência oferecida pela atração, acrescentando novos cenários e níveis de complexidade, o que pode facilitar uma reabilitação mais personalizada e satisfazer as diferentes preferências dos utilizadores.

O passeio virtual de asa delta com capacete ultrapassa assim o mero entretenimento para se tornar uma ferramenta poderosa para atingir um estado de equilíbrio emocional e bem-estar físico, e os meios ópticos são parte integrante deste processo.

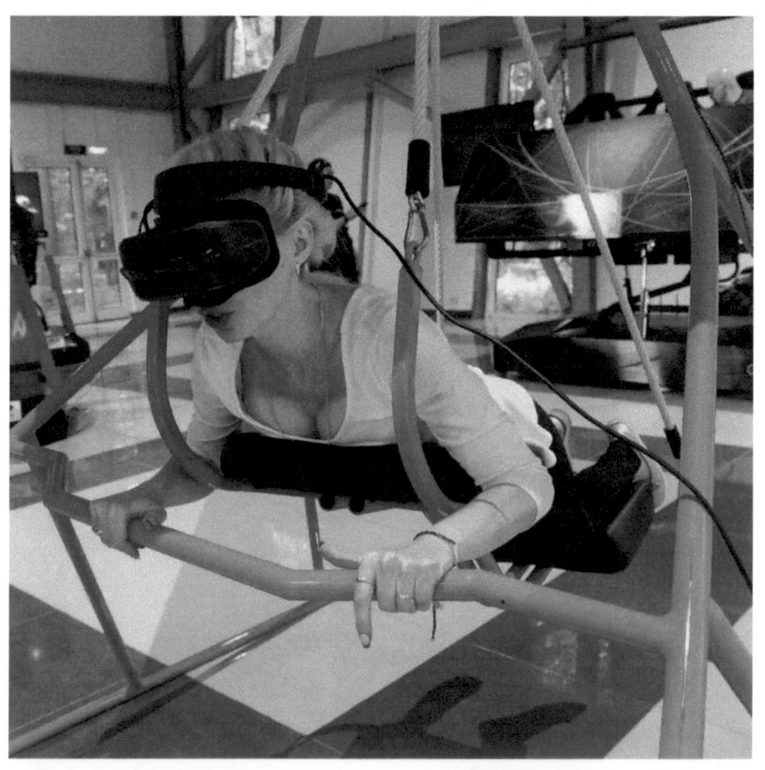

BINÓCULOS DE REALIDADE VIRTUAL VR

O binóculo VR é uma ferramenta importante no desenvolvimento dos aspectos tecnológicos da reabilitação funcional e fisiológica, graças ao seu potencial ótico interativo. Este dispositivo abre novos horizontes para a interação com objectos tridimensionais e para a exploração do espaço, oferecendo ao utilizador uma experiência única de imersão num espaço virtual. Este dispositivo pode ser utilizado em diferentes ambientes, tanto no interior como no exterior, graças ao seu design resistente às intempéries e ao vandalismo.

A utilização de binóculos na reabilitação pode melhorar a qualidade e a eficiência dos processos de recuperação, oferecendo aos doentes a estimulação da atividade física e psicológica através de cenários virtuais. Em particular, as excursões virtuais e o treino podem ser utilizados para melhorar a coordenação, a perceção e outras funções cognitivas e motoras.

Além disso, os binóculos de RV oferecem novas possibilidades para a reabilitação psicológica, utilizando ambientes virtuais para sessões de redução do stress e da angústia, e como ferramenta para a implementação de técnicas terapêuticas para superar fobias e adaptar-se a situações sociais difíceis.

O âmbito de aplicação do binóculo abrange museus, espaços urbanos, exposições e demonstrações de propriedades, oferecendo visualização volumétrica e proporcionando ao utilizador oportunidades de aprendizagem e exploração interactivas, tornando-o uma ferramenta valiosa num programa de reabilitação abrangente.

ATRACÇÃO DE CINEMA VR INTERACTIVO
CINEMA RV

O VR Cinema é uma combinação da mais recente tecnologia aplicada à visualização de conteúdos modernos sem ecrã. O VR Cinema é tão fácil de instalar quanto possível, utiliza componentes profissionais e, mais importante, um espaço aberto, porque agora a sua atração não pode passar despercebida.

O VR Cinema tem os 3 graus de liberdade já apreciados por muitos visitantes na plataforma hidráulica actualizada (movimentos para a frente e para trás, para a esquerda e para a direita e para cima e para baixo) e soluções revolucionárias para os proprietários de estabelecimentos em centros comerciais. Já não é necessário encontrar uma sala separada para a atração, porque deixá-la à vista atrai muito mais atenção, graças ao novo design do cinema e ao sistema hidráulico muito mais compacto e silencioso que acciona a plataforma. Também nos livrámos dos ecrãs e substituímo-los pela novidade hi-tech deste ano - os óculos de realidade virtual Oculus Rift, graças aos quais o visitante será imediatamente transportado para o filme 5D desde os primeiros segundos. As alterações também afectaram o som, pelo que agora, em vez de um sistema de cinema em casa 5.1, o nosso cinema está equipado com os mais modernos auscultadores sem fios sennheiser com som surround 3D.

A caraterística especial deste cinema é:

- a mais alta qualidade e qualidade de imagem realista de 360 graus
- imersão total na atmosfera do filme, conteúdo
- 3 graus de movimento da plataforma, incluindo o efeito de queda livre

A atração interactiva VR Cinema, um cinema que utiliza tecnologia de realidade virtual (RV), oferece oportunidades que podem ser aplicadas à reabilitação funcional e fisiológica:

1. Reabilitação funcional: o cinema de RV permite ao utilizador interagir com um ambiente virtual que pode ajudar a restaurar as capacidades motoras e a coordenação. Os doentes com deficiências motoras podem participar em exercícios virtuais que imitam actividades físicas reais, restaurando a funcionalidade dos membros sem risco de lesões.
2. Reabilitação fisiológica: A experiência imersiva que a RV oferece ajuda a reduzir o stress e a ansiedade, o que é extremamente útil num programa de reabilitação. Por

exemplo, a RV pode ser utilizada para sessões de relaxamento e meditação, o que ajuda a estabilizar os sistemas cardiovascular e respiratório.

Aplicação:

- Em instituições médicas para reabilitação após lesões e intervenções cirúrgicas.
- Nos centros de fisioterapia para restabelecer a função motora.
- Na prática psicológica para aliviar a tensão psico-emocional.

Ligação aos sistemas inteligentes e à inteligência artificial:

- Os sistemas inteligentes podem automatizar o processo de reabilitação, adaptando os cenários de RV às necessidades e progressos individuais do doente.
- A inteligência artificial pode analisar dados de sensores e auscultadores de RV para avaliar a melhoria dos doentes, fornecer recomendações e personalizar programas de recuperação.

A utilização da RV na reabilitação de doentes traz métodos de recuperação inovadores e fornece novas ferramentas ao mealheiro de reabilitadores e terapeutas, permitindo um ambiente motivador e diversificado para restaurar a saúde e melhorar a qualidade de vida dos doentes.

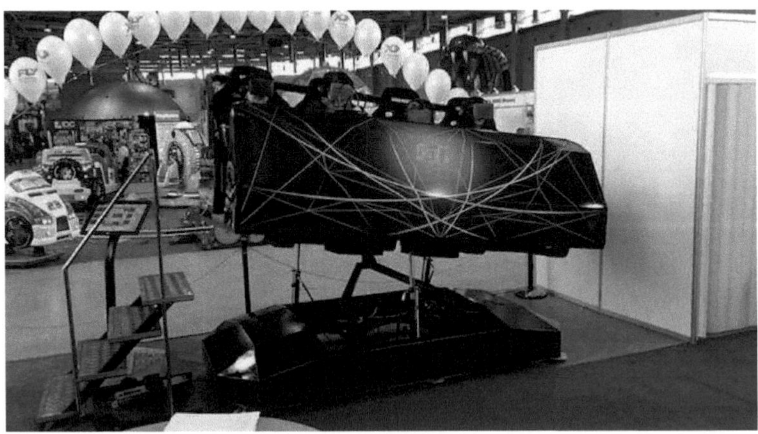

Esta atração mergulha os visitantes em mundos fascinantes onde se pode experimentar o movimento em todas as direcções e desfrutar de aventuras emocionantes.

O cinema 5D com RV proporciona uma oportunidade não só de assistir à história, mas também de participar ativamente no que está a acontecer. Os visitantes podem experimentar mover-se para a frente, para trás, para a esquerda, para a direita, para cima e para baixo, criando uma experiência única de ver pequenos clips e todo o tipo de corridas dinâmicas. Um dos elementos-chave deste cinema é a realidade virtual, que permite aos espectadores mergulharem na atmosfera de várias histórias. Desde montanhas-russas a filmes de terror e divertidos, todos os visitantes encontrarão algo do seu agrado. Aqui, não só pode sentir a adrenalina, como também criar memórias divertidas e vivas com os seus entes queridos.

SIMULADOR DE AUTOMÓVEIS, AVIAÇÃO, HELICÓPTERO VR

Os simuladores de RV (automóvel, aéreo, helicóptero) na reabilitação de doentes trazem métodos de recuperação inovadores e fornecem aos reabilitadores e terapeutas novas ferramentas, funcionando da seguinte forma

1. Melhoria das capacidades motoras e da coordenação: A utilização de simuladores de automóveis e de voo ajuda a melhorar as capacidades motoras finas e grandes, bem como a coordenação. Os doentes aprendem a controlar as suas acções enquanto conduzem um veículo virtual, o que é muito importante para quem está a recuperar de lesões ou doenças neurológicas.

2. Aumento da atenção e da concentração: O treino em simulador exige atenção e concentração constantes, o que tem um efeito positivo nas funções cognitivas do paciente. Estes exercícios são particularmente eficazes para os indivíduos em reabilitação após uma lesão cerebral.

3. Bem-estar emocional: uma fonte de emoções positivas e de resistência ao stress. A experiência imersiva de "voar" ou "conduzir ensaios" ajuda a reduzir os níveis de stress e a evocar emoções positivas nos doentes.

4. Integração com sistemas de inteligência artificial (IA): Os simuladores podem integrar-se com sistemas de IA para adaptar os programas de treino às necessidades individuais de cada doente. A IA também pode analisar o progresso de um doente na reabilitação, sugerindo um plano de recuperação optimizado.

5. Utilização em diferentes ambientes: Os simuladores com diferentes graus de liberdade (2dof, 4dof, 6dof) permitem-lhe simular diferentes ambientes para uma reabilitação mais direccionada - desde exercícios simples para principiantes até cenários complexos para utilizadores avançados.

Estes simuladores podem ser utilizados em centros de reabilitação médica, clínicas especializadas em reabilitação de lesões, centros para pessoas com deficiência e em casas particulares para auto-estudo supervisionado.

Estas tecnologias alargam consideravelmente as possibilidades do campo da reabilitação, tornando o processo de recuperação mais eficiente, motivador e agradável para os doentes.

Os sistemas de Inteligência Artificial (IA) estão a desempenhar um papel fundamental na melhoria das simulações de RV em automóveis, aviões e helicópteros para fins de reabilitação de doentes:

1. Personalização dos programas de formação: a IA pode analisar o nível de competências de um doente e as suas necessidades para ajustar o simulador a um modo de funcionamento específico, ajudando a proporcionar uma abordagem personalizada à reabilitação.

2. Acompanhamento do progresso e adaptação do exercício: As redes neuronais são capazes de processar grandes quantidades de dados em tempo real, permitindo o

acompanhamento do nível de progresso da reabilitação física e cognitiva para ajustar o programa de treino.

3. Feedback interativo: a IA pode fornecer feedback imediato ao utilizador sobre a correção do exercício, reforçando o efeito de aprendizagem e mantendo a motivação.

4. Criação de cenários imersivos e realistas: A inteligência artificial ajuda a criar ambientes virtuais realistas que estimulam respostas naturais e a recuperação do doente num ambiente virtual seguro.

5. Capacidades analíticas preditivas: Algoritmos de IA sofisticados podem prever potenciais dificuldades na reabilitação com base na análise da dinâmica do doente, ajudando os médicos a tomar decisões proactivas para melhorar os planos de tratamento.

6. Automatização do controlo do simulador: a IA pode automatizar muitas das funções do simulador, facilitando a sua utilização pelo pessoal de reabilitação e pelo doente, o que é especialmente importante quando se trabalha individualmente com cada doente.

7. Simplificar o trabalho de diagnóstico: os simuladores com IA podem ajudar a acompanhar não só o processo de reabilitação, mas também a diagnosticar problemas que possam estar a dificultar a recuperação.

Em conjunto, estas características fazem da IA uma parte integrante da simulação de RV na reabilitação, tornando-a mais personalizada, eficaz e envolvente para os doentes.

Nas simulações em RV de automóveis, aviões e helicópteros, a inteligência artificial (IA) fornece feedback interativo da seguinte forma:

1. Seguimento das acções do utilizador: a IA que utiliza sensores e algoritmos de aprendizagem automática segue os movimentos e as acções do utilizador em tempo real.

2. Avaliação do desempenho: a IA analisa depois estas acções e compara-as com o desempenho correto para avaliar se as acções ou exercícios foram realizados corretamente.

3. Fornecer feedback: com base nesta análise, a IA fornece feedback interativo ao utilizador. Pode ser uma simples notificação de sucesso ou a necessidade de repetir o ciclo.

JOGOS DE EQUIPA EM REALIDADE VIRTUAL (VR)

Não só representam uma forma inovadora e emocionante de entretenimento, como também têm o potencial de serem utilizados no domínio da reabilitação psicológica, proporcionando também oportunidades valiosas em vários domínios:

Reabilitação psicológica:

- Melhoria das competências sociais: os jogos de RV permitem aos jogadores desenvolver competências de comunicação e aprender a trabalhar em equipa, melhorando assim as relações interpessoais e a socialização.
- Alívio do stress: A imersão em mundos imersivos de RV pode ser uma forma eficaz de reduzir o stress e a ansiedade, proporcionando um ambiente seguro para relaxar e descontrair.
- Terapia: a utilização da RV para participar em jogos de equipa pode ajudar a tratar uma série de problemas psicológicos, como a depressão, a PSPT e as fobias, eliminando os riscos do mundo real.

Formação académica:

- Aprendizagem: os jogos de RV podem ser utilizados para fins educativos, proporcionando uma experiência interactiva e prática no ensino de várias matérias e competências.
- Formação empresarial
- Formação de equipas: os jogos de RV dão às equipas das empresas a oportunidade de resolver problemas e desenvolver soluções em conjunto, o que reforça o espírito de equipa e promove as capacidades de liderança.

Cuidados de saúde:

- Reabilitação: Na RV, é possível criar ambientes simulados para ajudar os doentes a recuperar as capacidades motoras e a função cognitiva após lesões.

Tempo em família:

- Actividades familiares: Os jogos de RV permitem que toda a família tenha uma experiência divertida e interactiva, reforçando os laços familiares.

Turismo e hotelaria:

- Atracções: os jogos de RV podem ser uma atração única em hotéis e complexos turísticos, aumentando a atração dos visitantes.

Os sistemas inteligentes e a inteligência artificial nos jogos de RV em equipa podem adaptar a experiência ao utilizador, proporcionando um nível de dificuldade personalizado e adequado, bem como recolher e analisar dados de interação do utilizador para melhorar a jogabilidade e criar cenários de jogo mais profundos e significativos.

CYBER

A utilização de jogos de RV na reabilitação psicológica constitui uma ferramenta poderosa para o tratamento da depressão e das fobias, devido aos seguintes aspectos

1. Imersão imersiva: A RV cria um ambiente totalmente imersivo que ajuda a distrair-se dos pensamentos negativos e das preocupações associadas à depressão. A experiência imersiva permite que os doentes se sintam como se estivessem num lugar diferente, o que ajuda a reduzir os níveis de stress e ansiedade.

2. Terapia cognitivo-comportamental (TCC): Os jogos de RV podem ser integrados na TCC para tratar fobias, permitindo que os doentes enfrentem os seus medos de forma gradual e controlada num ambiente seguro. Por exemplo, as pessoas que sofrem de agorafobia podem utilizar a RV para visitar virtualmente locais movimentados sem risco real.

3. Estimulação positiva: os jogos de RV podem estimular a produção de emoções positivas, como a alegria e o contentamento, o que é especialmente importante para as pessoas que sofrem de depressão. As experiências positivas ajudam a reduzir os sentimentos de tristeza e desespero.

4. Avatares e interação virtual: Nos jogos de RV, os doentes podem utilizar avatares para se expressarem e interagirem com os outros no mundo virtual. Isto pode ajudar a ultrapassar o isolamento social e a desenvolver as capacidades de comunicação, que são frequentemente afectadas pela depressão.

5. Controlo e autonomia: a RV permite controlar o ambiente e as condições do jogo, o que pode ser uma vantagem para as pessoas cujas fobias ou depressão estão ligadas a sentimentos de impotência e de incontrolabilidade da situação.

6. Acompanhamento do progresso: os sistemas de RV podem acompanhar o progresso de um doente, fornecendo feedback ao doente e ao seu terapeuta. Isto permite que o programa de reabilitação seja ajustado para se adequar ao processo de recuperação individual.

A utilização da realidade virtual na reabilitação psicológica abre novas possibilidades para o tratamento eficaz da depressão e das fobias, fornecendo ferramentas únicas para ultrapassar barreiras psicológicas num ambiente confortável e controlado.

Lista de materiais bibliográficos e de patentes utilizados:

Anexo 1 Pedido de patente dos Estados Unidos	**20110033726**
Tipo de código	**A1**
Jorda Sanuy; Xavier ; et al.	**10 de fevereiro de 2011**

CONJUNTO DE MÁSCARA METÁLICA AUTO-ALINHADA PARA DEPOSIÇÃO SELECTIVA DE PELÍCULAS FINAS EM SUBSTRATOS E DISPOSITIVOS MICROELECTRÓNICOS, E MÉTODO DE UTILIZAÇÃO

Resumo

A presente divulgação diz respeito a um conjunto de máscaras metálicas auto-alinhadas para a deposição selectiva de películas finas em substratos e dispositivos ***microelectrónicos***, compreendendo as seguintes partes (a) uma máscara metálica superior com os orifícios ou zonas que definem os padrões a metalizar, tendo a referida máscara orifícios de centragem, (b) uma máscara metálica inferior com orifícios do mesmo tamanho e forma que os substratos ou dispositivos a metalizar, e outros orifícios auxiliares para centrar o conjunto, (c) uma peça ou base provida de hastes correspondentes aos orifícios auxiliares, para centrar as partes acima referidas, uma peça ou estrutura superior para fixar e manter o conjunto completo alinhado por meio de parafusos e ligeira pressão. O conjunto pode, por sua vez, ser fixado ao porta-amostras da máquina de deposição.

Anexo 2 Pedido de patente dos Estados Unidos	**20100154835**
Tipo de código	**A1**
Dimeo; Frank ; et al.	**24 de junho de 2010**

LIMPEZA DE SISTEMAS DE PROCESSAMENTO DE SEMICONDUTORES

Resumo

Método e aparelho para limpar resíduos de componentes de sistemas de processamento de semicondutores utilizados no fabrico de dispositivos ***microelectrónicos***. Para remover eficazmente os resíduos, os componentes são contactados com um material reativo em fase gasosa durante um período de tempo e em condições suficientes para remover, pelo menos parcialmente, os resíduos. Quando o resíduo e o material a partir do qual os componentes são construídos são diferentes, o material reativo em fase gasosa é seletivamente reativo com o resíduo e minimamente reativo com os materiais a partir dos quais os componentes do implantador de iões são construídos. Quando o resíduo e o material a partir do qual os componentes são construídos são os mesmos, então o material reativo em fase gasosa pode ser reativo tanto com o resíduo como com a parte componente. Os materiais reactivos em fase gasosa particularmente preferidos incluem compostos gasosos como XeF.sub.2, XeF.sub.4, XeF.sub.6, NF.sub.3, IF.sub.5, IF.sub.7, SF.sub.6, C.sub.2F.sub.6, F.sub.2, CF.sub.4, KrF.sub.2, Cl.sub.2, HCl, ClF.sub.3, ClO.sub.2, N.sub.2F.sub.4, N.sub.2F.sub.2, N.sub.3F, NFH.sub.2, NH.sub.2F, HOBr, Br.sub.2, C.sub.3F.sub.8, C.sub.4F.sub.8, C.sub.4F.sub.8, C.sub.5F.sub.8, CHF.sub.3, CH.sub.2F.sub.2, CH.sub.3F, COF.sub.2, HF, C.sub.2HF.sub.5, C.sub.2H.sub.2F.sub.4, C.sub.2H.sub.3F.sub.3, C.sub.2H.sub.4F.sub.2, C.sub.2H.sub.5F, C.sub.3F.sub.6, e organoclorados como COCl.sub.2, CCl.sub.4, CHCl.sub.3, CH.sub.2Cl.sub.2 e CH.sub.3Cl.

Anexo 3 Pedido de patente dos Estados Unidos | **20060029727**

Tipo de código | **A1**

Ivanov; Igor C. | **9 de fevereiro de 2006**

Sistemas e métodos que afectam os perfis de soluções distribuídas através de topografias microelectrónicas durante processos de galvanização

Resumo

É fornecido um método que inclui a distribuição de uma solução de deposição numa pluralidade de locais que se estendem a diferentes distâncias de um centro de uma topografia ***microeletrónica***, cada um em diferentes momentos durante um processo de galvanização. Um aparelho de revestimento eletrolítico utilizado para o método inclui um suporte de substrato, um braço de distribuição móvel e um meio de armazenamento que inclui instruções de programa executáveis por um processador para posicionar o braço de distribuição móvel. Um outro método e a câmara de deposição electroless que o acompanha estão configurados para introduzir um gás numa câmara de revestimento electroless acima de uma ***placa*** que está suspensa acima de uma topografia ***microeletrónica*** e distribuir o gás por regiões que se estendem acima de uma ou mais porções discretas da topografia ***microeletrónica***. Uma topografia ***microeletrónica*** exemplar resultante dos métodos e aparelhos acima referidos inclui uma camada com regiões distintas, cada uma com uma espessura comparativamente diferente e concentrações comparativamente diferentes de um ou mais elementos.

Anexo 4 Pedido de patente dos Estados Unidos **20070120618**

Tipo de código **A1**

PEULEVEY; Nicolas ; et al. **31 de maio de 2007**

PLACA DE CIRCUITO IMPRESSO COM ELEMENTOS MICROELECTRÓNICOS NELA MONTADOS E MÉTODO DE PRODUÇÃO DESSA PLACA DE CIRCUITO IMPRESSO

Resumo

Placa de circuitos (1) e respetivo método de produção, tendo a placa de circuitos uma cavidade para meios de transição de microfita para guia de ondas (2) definida por um espaço oco em cujas paredes é colocada uma camada de proteção (21). Um substrato ***microelectrónico*** (33) é colocado sobre uma película adesiva (31) aderente a uma superfície da placa de circuito impresso (1), sendo a película adesiva pré-cortada em áreas seleccionadas (32) que permitem a abertura de aberturas através dela. É colocada uma camada metálica (5) na estrutura resultante, sendo removida uma parte selecionada (51) da camada metálica (5) presente numa superfície do substrato microelectrónico 33, virada para o espaço oco definido pela cavidade para o meio de transição microstrip para guia de ondas (2).

Anexo 5 Pedido de patente dos Estados Unidos **20010015176**

Tipo de código **A1**

Curtis, Gary L. ; et al. **23 de agosto de 2001**

Reator para processamento de uma peça microeletrónica

Resumo

É apresentado um aparelho para processar uma peça de trabalho ***microeletrónica*** num microambiente. O aparelho inclui um primeiro elemento de câmara com uma parede interior da câmara e um segundo elemento de câmara com uma parede interior da câmara. O primeiro e o segundo membros da câmara estão adaptados para um movimento relativo entre uma posição de carga em que o primeiro e o segundo membros da câmara estão distantes um do outro e uma posição de processamento em que o primeiro e o segundo membros da câmara estão próximos um do outro para definir uma câmara de processamento. Pelo menos um conjunto de suporte da peça de trabalho está disposto entre o primeiro e o segundo membros da câmara para suportar a peça de trabalho ***microeletrónica***. O conjunto de suporte da peça de trabalho é operável para espaçar a peça de trabalho a uma primeira distância, x1, de uma parede interior da câmara de pelo menos um dos membros da primeira e segunda câmaras quando os membros da primeira e segunda câmaras estão na posição de carregamento e para espaçar a peça de trabalho a uma segunda distância, x2, da parede interior da câmara quando os membros da primeira e segunda câmaras estão na posição de processamento, em que x1>x2.

Anexo 6 Pedido de patente dos Estados Unidos | **20030159921**

Tipo de código | **A1**

Harris, Randy ; et al. | **28 de agosto de 2003**

Aparelho com estações de processamento para o processamento manual e automático de peças microelectrónicas

Resumo

Um método e um aparelho para o processamento manual e automático de peças de trabalho ***microelectrónicas***. O aparelho pode incluir uma ferramenta com uma pluralidade de estações de processamento, todas elas acessíveis manualmente a um utilizador, e uma estação de entrada/saída configurada para suportar pelo menos uma peça ***microeletrónica*** para transferência ***automática*** de e para as estações de processamento. Um dispositivo de transferência está posicionado próximo da estação de entrada/saída e das estações de processamento e está configurado para transferir automaticamente peças de trabalho ***microelectrónicas*** entre a estação de entrada/saída e as estações de processamento. O aparelho pode ser utilizado para o processamento manual e ***automático*** de peças ***microelectrónicas***, sequencial ou simultaneamente. As estações de processamento podem ser configuradas para executar funções na peça ***microeletrónica***, tais como aplicação de material, remoção de material, melhoria da camada de semente, enxaguamento, secagem, recozimento, cozedura e metrologia.

Anexo 7 Pedido de patente dos Estados Unidos 20150177318

Tipo de código A1

Di Stefano; Thomas H. ; et al. 25 de junho de 2015.

Aparelho de transporte para movimentação de suportes de peças de teste

Resumo

Uma das formas de realização é um aparelho de transporte para movimentar suportes de dispositivos ***microelectrónicos*** ao longo de uma via, incluindo o aparelho de transporte: (a) uma via com dois carris adaptados para suportar os suportes; (b) um carrinho adaptado para ser transportado numa direção ao longo da via por um atuador linear; e (c) um primeiro e um segundo elementos de engate ligados ao carrinho, em que o primeiro elemento de engate está adaptado para engatar temporariamente num primeiro dos suportes e o segundo elemento de engate está adaptado para engatar temporariamente num segundo dos suportes; em que um movimento pré-determinado do carrinho desliza o primeiro habitáculo para uma posição de ensaio e desliza o segundo habitáculo para fora da posição de ensaio simultaneamente.

Anexo 8 Pedido de patente dos Estados Unidos **20030217929**

Tipo de código **A1**

Paz, Steven L. **27 de novembro de 2003**

Aparelho e método de regulação de fluxos de fluidos, tais como fluxos de fluidos de processamento eletroquímico

Resumo

Um método e um aparelho para regular fluxos de fluidos, tais como fluxos de fluidos de processamento eletroquímico para o processamento de peças ***microelectrónicas***. O aparelho inclui um corpo de válvula com um orifício de entrada, um orifício de saída e uma passagem de fluxo entre os orifícios de entrada e de saída através dos quais circula um primeiro fluido. O corpo da válvula inclui ainda uma câmara de pressão acoplável a uma segunda fonte de fluido e pelo menos parcialmente isolada da passagem de fluxo. Um regulador, disposto de forma móvel na passagem de fluxo para alterar a área de fluxo da passagem de fluxo, tem uma primeira superfície com uma primeira área projectada e uma segunda superfície com uma segunda área projectada maior, ambas acopladas de forma operacional ao primeiro fluido. Uma terceira superfície do regulador está acoplada ao segundo fluido. O regulador pode ajustar a sua posição para manter um caudal constante ou quase constante do primeiro fluido à medida que a pressão do fluido na porta de entrada se altera.

Anexo 9 Pedido de patente dos Estados Unidos 20170072081

Tipo de código A1

ALVAREZ, Jr.; DANIEL ; et al. 16 de março de 2017

MÉTODOS E SISTEMAS PARA FORNECER GASES DE PROCESSO A APLICAÇÕES CRÍTICAS DE PROCESSO

Resumo

Métodos e sistemas de entrega para fornecer uma fase gasosa de uma fonte líquida multi-componente para entrega a uma aplicação de processo crítico são fornecidos. Os métodos incluem a concentração de um componente da fonte líquida que é menos volátil do que a água para a entrega de um fluxo de gás compreendendo o componente menos volátil para uma aplicação de processo crítico. As aplicações de processos críticos incluem descontaminação e aplicações de processamento ***microelectrónico***.

Anexo 10 Pedido de patente dos Estados Unidos **20100279071**

Tipo de código **A1**

Ivanov; Igor C. **4 de novembro de 2010.**

Sistemas e métodos que afectam os perfis das soluções dispersas nas topografias microelectrónicas durante os processos de galvanização

Resumo

É fornecido um método que inclui a distribuição de uma solução de deposição numa pluralidade de locais que se estendem a diferentes distâncias de um centro de uma topografia ***microeletrónica***, cada um em diferentes momentos durante um processo de galvanização. Um aparelho de metalização electrolítica utilizado para o método inclui um suporte de substrato, um braço de distribuição móvel e um suporte de armazenamento que inclui instruções de programa executáveis por um processador para posicionar o braço de distribuição móvel. Outro método e a câmara de deposição electroless que o acompanha estão configurados para introduzir um gás numa câmara de revestimento electroless acima de uma ***placa*** que está suspensa acima de uma topografia ***microeletrónica*** e distribuir o gás a regiões que se estendem acima de uma ou mais porções discretas da topografia ***microeletrónica***. Uma topografia ***microeletrónica*** exemplar resultante dos métodos e aparelhos acima referidos inclui uma camada com regiões distintas, cada uma com uma espessura comparativamente diferente e concentrações comparativamente diferentes de um ou mais elementos.

LISTA DA LITERATURA UTILIZADA E DOS PEDIDOS DE PATENTE

Anexo 1 Pedido de patente dos Estados Unidos	**20180290403**
Tipo de código	**A1**
Hasan; Zeaid F. ; et al.	**11 de outubro de 2018**

Sistema de ***fabrico de*** estruturas compósitas unificadas

Resumo

Um método e um aparelho para um sistema ***de fabrico de*** estruturas compósitas. O sistema inclui um sistema de aquecimento e uma ou mais bexigas inteligentes que englobam o sistema de aquecimento. O sistema de aquecimento e uma ou mais bexigas inteligentes formam uma ferramenta de cura que define um volume para a estrutura compósita quando uma ou mais bexigas ***inteligentes*** estão num estado rígido.

Anexo 2 Pedido de patente dos Estados Unidos **20180285065**

Tipo de código **A1**

JEONG; Gyuhyeok **4 de outubro de 2018**

DISPOSITIVO DE CONTROLO INTELIGENTE E MÉTODO DE CONTROLO DO MESMO

Resumo

A presente especificação refere-se a um dispositivo de controlo inteligente capaz de utilizar a aprendizagem automática para reconhecimento de voz e a um método de controlo do mesmo. O dispositivo de controlo inteligente, de acordo com a presente invenção, inclui um recetor configurado para receber uma entrada que inclui um comando de disparo e um controlador configurado para detetar um ou mais dispositivos de visualização externos, selecionar um dispositivo de visualização dos dispositivos de visualização externos detectados, fazer com que o estado de energia do dispositivo de visualização selecionado seja alterado para um primeiro estado e fazer com que os dados de resposta correspondentes aos primeiros dados de comando recebidos após o comando de disparo sejam emitidos num ecrã do dispositivo de visualização selecionado.

Anexo 3 Pedido de patente dos Estados Unidos 20180293778
Tipo de código A1
Appu; Abhishek R. ; et al. 11 de outubro de 2018

ESQUEMAS INTELIGENTES DE COMPRESSÃO/DESCOMPRESSÃO PARA EFICIÊNCIA E RESULTADOS SUPERIORES

Resumo

É descrito um mecanismo para facilitar esquemas de compressão/descompressão ***inteligentes*** em dispositivos informáticos. Um método de concretizações, tal como aqui descrito, inclui a unificação de um primeiro esquema de compressão relativo a conteúdo tridimensional (3D) e um segundo esquema de compressão relativo a conteúdo multimédia num esquema de compressão unificado para efetuar a compressão de um ou mais conteúdos 3D e multimédia relativos a um processador, incluindo um processador gráfico.

Anexo 4 Pedido de patente dos Estados Unidos	**20180285306**
Tipo de código	**A1**
ESSMANN; ROLAND ; et al.	**4 de outubro de 2018**

TRANSDUTOR INTELIGENTE ACTIVADO POR PROTOCOLO DE INTERNET (IP)

Resumo

Um transdutor ***inteligente*** habilitado para Protocolo Internet (IP) inclui um sensor para gerar dados de campo relativos a uma quantidade física associada a um equipamento de processamento ou a um dispositivo numa instalação de processamento industrial, e um circuito de condicionamento de sinal para, pelo menos, amplificar e filtrar os dados de campo para fornecer dados de campo condicionados. Uma interface de comunicações está acoplada ao circuito de condicionamento de sinal, incluindo um processador com uma memória associada e um algoritmo de conversão de dados de campo em dados IP para gerar os dados IP a partir dos dados de campo condicionados, e um transmissor para transmitir os dados IP através de um barramento IP a pelo menos uma aplicação ligada ao barramento IP.

Anexo 5 Pedido de patente dos Estados Unidos	**20180272023**
Tipo de código	**A1**
BYSTRZYNSKI; Richard Mariusz ; et al.	**27 de setembro de 2018**

CONTROLADOR ÓPTICO INTELIGENTE PARA UMA UNIDADE GERADORA DE HIDROXILO

Resumo

Uma unidade geradora de hidroxilo inclui uma fonte de luz ultravioleta, uma câmara de reação no espaço interior da unidade geradora de hidroxilo, sensores ambientais e um controlador ótico ***inteligente*** acoplado aos sensores ambientais e à fonte de luz ultravioleta. O controlador ótico ***inteligente*** integra as condições ambientais e, em resposta a pelo menos as condições ambientais, o controlador ótico ***inteligente*** gera um sinal de saída para a fonte de luz ultravioleta para controlar os hidroxilos gerados pela unidade geradora de hidroxilo. O controlador ótico ***inteligente*** inclui pelo menos um sensor de fluxo de ar, um sensor de temperatura, um sensor de humidade e um sensor de luz, para controlar o funcionamento da unidade geradora de hidroxilo. O controlador ótico ***inteligente*** inclui um microcontrolador que interroga os sensores e que faz a interface com sistemas externos. O controlador ótico inteligente inclui um circuito de comunicações de campo próximo ligado a uma ligação de comunicações do sensor e uma interface de controlo através de uma ligação RS-485.

Anexo 6 Pedido de patente dos Estados Unidos 20180272657
Tipo de código A1
RYU; JONGYUN ; et al. 27 de setembro de 2018

PROTECTOR DA PARTE DO ECRÃ PARA UM DISPOSITIVO INTELIGENTE E MÉTODO DE ADERIR O PROTECTOR DA PARTE DO ECRÃ À SUPERFÍCIE UTILIZANDO O DISPOSITIVO

Resumo

É apresentado um protetor com uma função de proteção e restauração de uma parte do ecrã de um dispositivo ***inteligente*** e um método de aderência do protetor da parte do ecrã. O protetor da parte do ecrã para o dispositivo ***inteligente***, de acordo com a presente divulgação, inclui uma parte protetora aderida a pelo menos uma das áreas de ecrã plano e uma área de visualização curva de um dispositivo ***inteligente*** com pelo menos uma das áreas de visualização plana e curva e uma camada adesiva que é formada pelo espalhamento de uma composição adesiva fluida entre toda a área de uma superfície inferior da parte protetora e uma área de visualização do dispositivo ***inteligente*** e, em seguida, a cura da composição adesiva fluida e a adesão de toda a área da superfície inferior da parte protetora à área de visualização plana e à área de visualização curva.

Anexo 7 Pedido de patente dos Estados Unidos **20180270076**

Tipo de código **A1**

Natarajan; Sreekanth ; et al. **20 de setembro de 2018**

LIGAÇÃO EM REDE INTELIGENTE DE APARELHOS TRADICIONAIS

Resumo

Esta divulgação fornece sistemas, métodos e aparelhos, incluindo programas de computador codificados em suportes de armazenamento de computador, para um aparelho de interface de electrodomésticos. Em algumas implementações, o aparelho de interface permite o controlo de um aparelho tradicional com base na rede. O aparelho de interface inclui uma tomada para ligar o aparelho tradicional a uma fonte de alimentação. O aparelho de interface inclui uma primeira interface de rede para estabelecer uma primeira ligação de comunicação com um controlador de aparelho ***inteligente*** numa rede. O aparelho de interface pode estabelecer uma segunda ligação de comunicação com um circuito de controlo para controlar o aparelho tradicional. Ao receber um comando do controlador do aparelho inteligente, o aparelho de interface do aparelho envia um sinal através da segunda ligação de comunicação ao circuito de controlo para controlar o funcionamento do aparelho tradicional de acordo com o comando.

Anexo 8 Pedido de patente dos Estados Unidos **20180270799**

Tipo de código **A1**

NOH; Hoondong ; et al. **20 de setembro de 2018**

MÉTODO E APARELHO PARA A CONCEPÇÃO DA INFORMAÇÃO DE CONTROLO DA LIGAÇÃO DESCENDENTE PARA A COORDENAÇÃO DA REDE

Resumo

São fornecidos um método e um aparelho para a conceção da informação de controlo da ligação descendente (DCI) para a coordenação da rede (transmissão multiponto coordenada (CoMP)). Além disso, são fornecidos um método e um aparelho para a configuração do sinal de referência de desmodulação (DMRS) e para a transmissão e receção do DMRS, bem como um método e um aparelho para a transmissão e receção do sinal de ligação ascendente de acordo com o esquema de transmissão de ligação ascendente. A divulgação está relacionada com um método e um sistema de comunicação para fazer convergir um sistema de comunicação de quinta geração (5G) para suportar taxas de dados mais elevadas do que um sistema de quarta geração (4G) com uma tecnologia para a Internet das coisas (IoT). A divulgação pode ser aplicada a serviços inteligentes baseados na tecnologia de comunicação 5G e na tecnologia relacionada com a IoT, tais como casa ***inteligente***, edifício inteligente, cidade ***inteligente***, carro ***inteligente***, carro conectado, cuidados de saúde, educação digital, retalho ***inteligente*** e serviços de segurança e proteção.

Anexo 9 Pedido de patente dos Estados Unidos **20180293366**

Tipo de código **A1**

Subramaniyan; Arun Karthi ; et al. **11 de outubro de 2018**

SISTEMAS E MÉTODO PARA PARTILHAR E EXECUTAR DADOS E MODELOS DE FORMA SEGURA

Resumo

Um dispositivo de computador de simulação para executar com segurança um modelo inclui pelo menos um processador em comunicação com pelo menos um dispositivo de memória. O dispositivo informático de simulação está configurado para armazenar um contentor ***inteligente*** que inclui um modelo e uma política de utilização. O dispositivo informático de simulação está também configurado para receber uma pluralidade de entradas para o modelo e determinar se deve validar o modelo com base na política de utilização. O dispositivo informático de simulação está ainda configurado para executar o modelo com a pluralidade de entradas se o modelo tiver sido validado. Além disso, o dispositivo informático de simulação está configurado para transmitir pelo menos um resultado.

Anexo 10 Pedido de patente dos Estados Unidos **20180299849**

Tipo de código **A1**

MARTIN; Peter G ; et al. **18 de outubro de 2018**

SISTEMAS E MÉTODOS DE DESENVOLVIMENTO E OPTIMIZAÇÃO DE APLICAÇÕES HIERÁRQUICAS DE CONTROLO INTELIGENTE DE ACTIVOS

Resumo

São divulgados sistemas e métodos de desenvolvimento de uma aplicação hierárquica de controlo ***inteligente*** de activos e de otimização de um sistema integrado de controlo ***inteligente*** de activos. Em várias formas de realização, o sistema pode desenvolver uma Aplicação Hierárquica de Controlo de Activos e os requisitos de hardware de controlo correspondentes. Esta pode ser utilizada para criar um Sistema Integrado de Controlo de Activos Inteligentes, a fim de executar vários processos para um conjunto de elementos de equipamento. Os activos ***inteligentes*** associados ao sistema podem utilizar agentes inteligentes para equilibrar restrições operacionais e objectos operacionais, a fim de determinar parâmetros operacionais optimizados em tempo real para um processo e implementar os controlos adequados para facilitar a consecução dos objectivos operacionais melhorados.

Anexo 10 **Pedido de patente dos Estados Unidos** **20120029845**

Tipo de código **A1**

2 de fevereiro de 2012

APARELHO E MÉTODO DE CONTROLO DE FLUIDOS

Resumo

De acordo com algumas formas de realização, são fornecidos um aparelho e um método para detetar a composição de um fluido. Um campo eletromagnético alternado pode ser aplicado ao fluido e as distorções no campo eletromagnético são comparadas com "assinaturas" de distorção predeterminadas e esperadas para componentes específicos em concentrações específicas. A presença e a concentração dos componentes no fluido podem ser detectadas através da deteção destas assinaturas de distorção.

Anexo 11 **Pedido de patente dos Estados Unidos** **20130173180**

Tipo de código **A1**

4 de julho de 2013

DETERMINAÇÃO DOS ATRIBUTOS DE SUBSTÂNCIAS LÍQUIDAS

Resumo

Uma unidade de monitorização (100) que determina os parâmetros (p1, p2) de um atributo (P) de uma substância líquida que flui (F) através de uma conduta dieléctrica (110) inclui vários membros da bobina (121, 122) que circundam a conduta dieléctrica (110) e que submetem o fluxo da substância líquida a vários campos electromagnéticos diferentes (B(f)) e, sob a sua influência, os circuitos de medição registam as medidas de impedância correspondentes (z(f)) da substância líquida. Um processador (130) obtém os parâmetros (p1, p2) do atributo (P) com base nas medidas de impedância registadas (z(f)).

Anexo 12 **Pedido de patente dos Estados Unidos** **20130178721**

Tipo de código **A1**

11 de julho de 2013

DETERMINAÇÃO IN VIVO DOS NÍVEIS DE ACIDEZ

Resumo

Um bolus para utilização no retículo de um animal ruminante inclui uma cavidade (100) configurada para receber fluidos ruminais presentes no estômago. A cavidade tem paredes (110) de um material dielétrico e é rodeada por um elemento de bobina (120), que está configurado para submeter os fluidos ruminais a um campo eletromagnético. Um elemento sensor (310) mede a influência do campo eletromagnético sobre os fluidos ruminais e regista assim uma propriedade electromagnética representativa de um nível de acidez desses fluidos. Um transmissor (410) transmite um sinal de saída sem fios (SD) que reflecte a medida da acidez.

Anexo 13 **Patente dos Estados Unidos** **8,820,144**

2 de setembro de 2014

Aparelho e método de monitorização de fluidos

Resumo

De acordo com algumas formas de realização, são fornecidos um aparelho e um método para detetar a composição de um fluido. Um campo eletromagnético alternado pode ser aplicado ao fluido e as distorções no campo eletromagnético são comparadas com "assinaturas" de distorção predeterminadas e esperadas para componentes específicos em concentrações específicas. A presença e a concentração dos componentes no fluido podem ser detectadas através da deteção destas assinaturas de distorção.

Anexo 14 **Patente dos Estados Unidos** **8,694,091**

8 de abril de 2014

Determinação in vivo dos níveis de acidez

Resumo

Um bolus para utilização no retículo de um animal ruminante inclui uma cavidade (100) configurada para receber fluidos ruminais presentes no estômago. A cavidade tem paredes (110) de um material dielétrico e é rodeada por um elemento de bobina (120), que está configurado para submeter os fluidos ruminais a um campo eletromagnético. Um elemento sensor (310) mede a influência do campo eletromagnético sobre os fluidos ruminais e regista assim uma propriedade electromagnética representativa de um nível de acidez desses fluidos. Um transmissor (410) transmite um sinal de saída sem fios (SD) que reflecte a medida da acidez.

Anexo 15 **Patente dos Estados Unidos** **9,316,605**

19 de abril de 2016

Determinação dos atributos de substâncias líquidas

Resumo

Uma unidade de monitorização (100) que determina os parâmetros (p1, p2) de um atributo (P) de uma substância líquida que flui (F) através de uma conduta dieléctrica (110) inclui vários membros da bobina (121, 122) que circundam a conduta dieléctrica (110) e que submetem o fluxo da substância líquida a vários campos electromagnéticos diferentes (B(f)) e, sob a sua influência, os circuitos de medição registam as medidas de impedância correspondentes (z(f)) da substância líquida. Um processador (130) obtém os parâmetros (p1, p2) do atributo (P) com base nas medidas de impedância registadas (z(f)).

Anexo 16 **Patente dos Estados Unidos** **9,194,787**

24 de novembro de 2015

Aparelho de ensaio para simular um escoamento estratificado ou disperso

Resumo

Um sistema e um método para simular a dinâmica de fluxo estratificado ou disperso são aqui divulgados. O método inclui o enchimento de um aparelho com uma mistura multifásica que inclui uma fase superior e uma fase inferior, em que a fase superior e a fase inferior são ***líquidos*** imiscíveis. O método também inclui o estabelecimento de contacto entre uma superfície inferior de um tambor rotativo e uma superfície superior da fase superior. O método também inclui a rotação do tambor do rotor de modo a que a rotação do tambor do rotor faça rodar a fase superior e, por fim, faça rodar também a fase inferior. O método inclui ainda a ***monitorização de*** um parâmetro do sistema multifásico enquanto o tambor do rotor está a rodar.

Anexo 17 **Patente dos Estados Unidos** **8,963,565**

24 de fevereiro de 2015

Sensor para deteção de derrame de líquidos

Resumo

A presente invenção diz respeito, em geral, a um sensor ou a um sistema de sensores para detetar derrames de ***líquidos*** aquosos, por exemplo em espaços confinados onde tal é crítico, como num avião. O sistema da presente invenção é um sistema de alerta precoce ou sentinela para a prevenção da corrosão por ***líquidos*** corrosivos. A corrosão causada por ***líquidos*** corrosivos pode alterar rapidamente as propriedades da superfície dos componentes em estruturas de engenharia, o que acabará por pôr em perigo a funcionalidade das peças estruturais. No entanto, se existirem tecnologias ***de monitorização*** que forneçam informações contínuas sobre a presença de ***líquidos*** corrosivos, o tratamento da corrosão e mesmo a prevenção da corrosão podem começar numa fase muito precoce. A presente invenção permite a deteção precoce de ***líquidos*** corrosivos através de sensores alargados baseados no colapso da condutividade de percolação (COPC). O termo colapso refere-se ao facto de a transição para o estado não condutor não ter necessariamente as propriedades de uma transição termodinamicamente bem definida.

Printed by Books on Demand GmbH, Norderstedt / Germany